L'EXALGINE

PROPRIÉTÉS PHYSIQUES ET CHIMIQUES

ACTION PHYSIOLOGIQUE

EMPLOI EN THÉRAPEUTIQUE — POSOLOGIE

FORMES PHARMACEUTIQUES

PAR

P. MACQUAIRE

Lauréat de l'École supérieure de Pharmacie de Paris
Ancien interne (médaillé) des Hôpitaux, etc.

Prix : 1 fr. 50

PARIS

TYPOGRAPHIE A. DAVY

52, rue Madame

1897

DE L'EXALGINE

CHAPITRE I

HISTORIQUE ET PROPRIÉTÉS.

L'exalgine ou méthylacétanilide $C^9H^{10}AzO$ a été préparée pour la première fois par Hoffmann, en 1874, en chauffant la méthylaniline avec le chlorure d'acétyle :

$$C^6H^5AzH.CH^3 \quad + C^2H^3OCl = HCl \quad + C^6H^5Az.CH^3C^2H^3O$$
méthylaniline   chlorure d'acétyle   méthyl-acét-anilide.

Cette substance n'a été longtemps qu'un simple produit de laboratoire ; ce sont MM. Brigonnet et Naville qui, les premiers, l'ont obtenue industriellement par un nouveau procédé, dans leur usine de la Plaine-Saint-Denis, et qui lui ont donné le nom d'**exalgine** (de εξ, hors, et Αλγος, douleur) à cause de sa principale propriété physiologique, nom sous lequel elle est couramment désignée aujourd'hui.

L'**exalgine** est un corps emprunté à la série aromatique qui a fourni déjà un si grand nombre de produits employés en thérapeutique comme antiseptiques, antithermiques et analgésiques. Nous pouvons citer les phénols, les napthols, l'aniline et ses dérivés, la kaïrine, la thalline, l'antipyrine ou diméthylphénylpyrazolone, l'antifébrine ou acétanilide, la pyrrhodine, la phénacétine ou phénétidine, et enfin l'**exalgine** ou méthylacétanilide.

L'**exalgine** se présente sous la forme de fines et longues aiguilles blanches très bien cristallisées, par cristallisation dans l'eau distillée bouillante, ou en larges tablettes prismatiques blanches lorsqu'on laisse refroidir lentement l'**exalgine** liquéfiée par l'action de la chaleur.

Elle fond à 101°.

Elle est très soluble dans l'alcool et dans l'eau bouillante, un peu moins dans l'eau froide ; dans sa thèse le Dr Gaudinau dit qu'à la température de 23° 1000 grammes d'eau distillée en dissolvent 14 grammes.

Enfin, l'**exalgine** présente un précieux avantage pour son emploi en thérapeutique ; elle est absolument *inodore* et *sans aucune saveur*.

CHAPITRE II

PROPRIÉTÉS PHYSIOLOGIQUES.

L'**exalgine** diffère de ses isomères toluidiques en ce que la substitution du groupe méthyle s'opère dans le radical amidogène AzH^2, en laissant intact le noyau benzénique, tandis que, dans les toluides, la méthylation s'opère sur le noyau aromatique lui-même, ce qui retire le caractère méthylique au composé obtenu, considération qui offre une grande importance physiologique.

Tous les dérivés aromatiques, en effet, ont une action physiologique qui ne diffère que par le degré d'énergie. Ils sont à la fois antiseptiques, antithermiques et analgésiques. L'une de ces trois propriétés est toujours dominante. Parfois l'une des actions a une telle prédominance qu'elle efface les deux autres ; mais cependant, en variant les expériences, on peut presque toujours arriver à les mettre en évidence. Si l'on observe avec soin les phénomènes, et si l'on tient compte en même temps de la constitution chimique de ces corps, on constate qu'il est possible de formuler une loi qui semblerait permettre d'établir *a priori* l'action physiologique en fonction de la constitution chimique des composés.

L'*antisepsie* serait dominante dans les composés hydratés genre alcool, tels que les phénols, naphtols, etc., et les composés similaires, tels que les oxyphénols.

Les composés amidogénés, tels que la kaïrine, la thalline et leurs dérivés acétylés, comme l'acétanilide, possèdent surtout une action *antithermique*.

Enfin, on verrait s'exalter l'action *analgésiante*, lorsque les corps amidogénés sont transformés par la substitution à l'hydrogène libre d'un radical méthyle.

C'est ce qui se passe pour l'antipyrine ; c'est également ce que l'on constate pour l'**exalgine**, dont l'action est très différente de celle de l'acétanilide qui pourtant s'en rapproche beaucoup au point de vue chimique.   (Dr GAUDINAU.)

Il résulte des expériences réalisées sur les animaux que l'**exalgine** agit sur l'axe cérébro-spinal.

A *dose toxique*, après une période d'excitation caractérisée par des phénomènes d'impulsion, de tremblement, de l'anxiété respiratoire, on voit survenir la paralysie et en particulier l'arrêt de la circulation.

A *dose non toxique*, la sensibilité à la douleur disparaît tandis que la sensibilité tactile persiste. L'expérimentation physiologique fournit donc à la thérapeutique une indication des plus précieuses.

Si, dans la période d'excitation et à la suite de mouvements convulsifs, on constate *nécessairement* une élévation de température, à des doses moindres on observe un abaissement de cette même température.

La succession de ces phénomènes s'observe aussi chez les animaux supérieurs. *A dose toxique*, nous voyons se produire des accidents convulsifs ; *à dose plus faible*, on observe seulement un peu d'agitation et de l'anhélation. Dans le premier cas, la température s'élève ; dans le second, ou elle reste stationnaire ou elle s'abaisse ; quelque soit le mode d'administration du médicament (injections sous-cutanées, voie stomacale, lavement), le mode d'action de l'**exalgine** se montre identique.

Un fait extrêmement intéressant est l'action exercée par l'**exalgine** sur le globule sanguin, dont elle modifie la vitatalité et l'oxygénation par production de méthémoglobine.

L'urine n'est pas modifiée dans sa constitution ; elle ne renferme ni sucre, ni albumine. Mais il faut savoir que l'**exalgine** diminue l'excrétion urinaire, constatation impor-

tante parce qu'elle renferme une contre-indication, en ce sens
que l'administration de ce médicament devra être proscrite
dans tous les cas où le malade, atteint d'une maladie infec-
tieuse fébrile, a besoin de tous ses émonctoires pour éliminer
les toxines produites par l'économie.

CHAPITRE III

PROPRIÉTÉS THÉRAPEUTIQUES

Quelque intérêt que présentent les propriétés physiologiques d'une substance, constatées par expérimentation sur les
animaux, il ne s'ensuit pas nécessairement qu'on en connaisse les propriétés thérapeutiques sur l'homme ; il est
absolument indispensable, avant de considérer cette substance
comme un médicament, d'en vérifier les propriétés au point
de vue clinique.

Nous n'avons que l'embarras du choix pour citer les nombreux travaux concernant l'action thérapeutique de l'**exalgine**.

Dans une communication à l'Académie des Sciences
(18 mars 1889) MM. Dujardin-Beaumetz et Bardet font ressortir ses propriétés analgésiques :

« Administré à un animal l'**exalgine** agit énergiquement
« sur l'axe cérébro-spinal et entraîne, en quelques minutes,
« la mort d'un lapin à la dose de 46 centigrammes par kilo-
« gramme du poids du corps ; il se produit alors des phéno-
« mènes d'impulsion, du tremblement et la paralysie des
« muscles respiratoires. A dose non toxique, la sensibilité à
« la douleur disparaît, mais la sensibilité tactile persiste ; on
« note un abaissement progressif et notable de la tempéra-
« ture.

« Comparés à ceux de l'antipyrine, les effets physiologi-
« ques et toxiques de ce corps se ressemblent beaucoup ;

« mais cependant l'**exalgine** paraît agir plus nettement sur
« la sensibilité et d'une façon moins active sur les centres
« thermogènes.

« Au point de vue thérapeutique, on obtient de l'**exalgine**
« des effets analgésiques à la dose de 25 à 40 centigrammes,
« prise en une seule fois, ou de 40 à 75 centigrammes, prise
« plusieurs fois dans les vingt-quatre heures. Cette action
« analgésique est très marquée et *paraît supérieure à celle*
« *de l'antipyrine*, et cela dans toutes les formes de névralgie,
« y compris les névralgies viscérales. Jusqu'à présent, nous
« n'avons pas eu à constater, dans l'emploi de ce médicament,
« l'irritation gastro-intestinale, le rash et la cyanose, déjà
« notés dans l'usage de l'antipyrine ou de l'acétanilide, mais
« une seule fois un léger érythème.

« L'**exalgine** s'élimine par les urines ; elle modifie la sé-
« crétion urinaire et agit, comme les antithermiques du même
« groupe, dans la polyurie diabétique, en diminuant la quan-
« tité de sucre et la quantité journalière d'urine.

« En résumé, l'**exalgine** est un puissant analgésique qui
« paraît supérieur, à ce point de vue particulier, à l'antipy-
« rine ; elle est de beaucoup plus active, puisqu'elle agit à
« doses moitié moindres. Si l'on compare ce produit aux
« autres antithermiques analgésiques tirés de la série aro-
« matique, on constate que, comme ces derniers, l'**exalgine**
« est à la fois antiseptique, antithermique, analgésique, mais
« que c'est cette dernière propriété qui paraît dominer dans
« ses effets thérapeutiques. »

Voici également un extrait d'une communication faite à la
Société de thérapeutique (27 mars 1889) par le Dr BARDET :

« A la dose de 25 à 60 centigrammes au plus en une fois,
« ou de 40 centigrammes à 80 centigrammes et plus, prise en
« deux ou trois fois dans les vingt-quatre heures, on constate
« que l'**exalgine** amène rapidement, en une demi-heure à
« une heure, la diminution de la douleur ou sa cessation
« complète dans tous les cas de névralgies congestives.

« M. Dujardin-Beaumetz a employé l'**exalgine** chez un très
« grand nombre de malades, tant à l'hôpital qu'à la consul-
« tation externe ; ces malades étaient atteints de névralgies
« faciales, dentaires, brachiales, intercostales, sciatiques,
« etc., d'autres de rhumatismes musculaires, de troubles
« articulaires douloureux et un de phénomènes angineux
« avec douleur irradiant dans le bras gauche, compliquant
« une affection cardiaque.

« Les effets ont été extrêmement remarquables dans les
« névralgies *a frigore* et à forme congestive ; ils ont été beau-
« coup plus nets qu'avec l'antipyrine, puisque la sédation a
« été obtenue avec une dose plus de moitié moindre.

« Le malade atteint de troubles angineux a vu disparaître
« ses douleurs qui, jusque-là, n'avaient cédé à aucun médi-
« cament, et l'action était très nette, car la douleur repa-
« raissait dès qu'on cessait l'administration de l'**exalgine**.

« J'insiste sur la netteté d'action de l'**exalgine**, malgré
« les faibles doses indiquées, dans les cas de névralgies es-
« sentielles. Je puis citer un cas typique ; un garçon de
« 25 ans arrive à la consultation avec une névralgie sous-
« orbitaire d'origine *a frigore*. L'œil était tuméfié, très dou-
« loureux. Depuis quinze jours, l'aconitine, la quinine, l'an-
« tipyrine n'avaient produit aucun effet. On fait prendre à
« ce malade, le matin, à 11 heures, 0 gr. 10 d'**exalgine** ; au
« bout d'une demi-heure la douleur diminue, devient tolé-
« rable ; elle reparaît à 3 heures et cède à une nouvelle dose,
« qui permet au malade de dormir. Une dernière dose, prise
« le lendemain matin, amène la guérison, qui s'est main-
« tenue après une légère reprise arrêtée par une nouvelle
« administration de 0 gr. 20 pendant deux jours.

« Cette analgésie est obtenue sans que nous ayons eu à
« constater de *rash* ni de *cyanose* ; une seule fois, à la suite
« d'une dose massive, nous avons constaté un très léger éry-
« thème. Nous attribuons ce fait favorable à ce que, dans les
« effets de l'**exalgine**, l'action sur le système nerveux pré-
« cède l'action sur le système circulatoire.

« En résumé, l'**exalgine** produit, à doses de 0 gr. 30 à
« 0 gr. 80, au maximum, des effets sédatifs plus énergiques
« que ceux obtenus avec des doses de 1 gr. 50 et 2 grammes
« d'antipyrine; *elle est supérieure à ce médicament, à cet in-*
« *téressant point de vue.* »

Un autre travail très complet sur l'**exalgine** a été présenté
par le Dr Bardet au Congrès international de thérapeutique
et matière médicale, tenu à Paris au mois d'août 1889 (1),
pendant l'Exposition universelle. Dans ce travail, les résultats thérapeutiques obtenus et signalés plus haut ont été ex-
posés avec une grande clarté. Nous empruntons à sa publica-
tion les données suivantes :

« L'**exalgine**, comme l'*antipyrine*, l'*acétanilide* et l'*acét-*
« *phénétidine* ou *phanécétine*, agit sur le système nerveux et
« sur les systèmes circulatoire et respiratoire ; mais, tandis
« que ces derniers corps agissent primitivement sur la fonc-
« tion respiratoire et troublent l'hématose en provoquant
« des troubles circulatoires et calorifiques dont le résultat
« est d'abaisser la température et de déterminer des phéno-
« mènes de cyanose et des éruptions rashiformes, l'**exal-**
« **gine** agit d'abord sur le système nerveux et ce n'est qu'en
« forçant les doses que l'on obtient une action sur les cen-
« tres thermogènes. En résumé, c'est à haute dose que l'an-
« tipyrine agit sur la sensibilité, tandis que c'est à dose
« beaucoup plus faible qu'on obtient les mêmes effets avec
« l'**exalgine**.
« Dans son action thérapeutique, l'**exalgine** est surtout
« remarquable par son influence considérable sur le système
« nerveux. »

Voici une statistique établie sur soixante-quinze observations prises à l'hôpital Cochin, et qui font partie de l'intéressante thèse inaugurale du Dr Gaudinau, (Paris 1889).

(1) Voir Compte rendu publié chez O. Doin.

AFFECTIONS	SUCCÈS	DOUT.	IN-SUCCÈS	TOTAL
Névralgies..........................	27	2	3	32
Migraines...........................	4	3	2	9
Gastralgies	2	»	»	2
Métrites............................	2	1	2	5
Fièvres et sueurs nocturnes.......	2	1	1	4
Cardialgie, accès angineux	3	1	»	4
Rhumatisme.........................	10	6	3	19
	50	14	11	75

« C'est surtout dans les névralgies que les effets de l'**exal**-
« **gine** sont remarquables, particulièrement dans les cas de
« névralgie *a frigore* et de douleurs dentaires. »

A propos de ces observations, M. Gaudinau a remarqué
que, dans la majorité des cas, les malades sur lesquels le salicylate de soude ou l'antipyrine étaient restés inefficaces
avaient été soulagés par l'**exalgine**.

M. Dujardin-Beaumetz a publié dans le *Bulletin général de
thérapeutique* du 30 octobre 1889 une conférence sur les nouveaux analgésiques et leur application au traitement des
affections du système nerveux.

A propos de l'**exalgine**, nous trouvons dans ce travail la
remarque suivante :

« Dans nos recherches cliniques, l'**exalgine** s'est montrée
« un très puissant analgésique, et, dans les nombreux cas où
« nous l'avons employée, elle nous a fourni des résultats re-
« marquables et souvent supérieurs à ceux de l'antipyrine et
« de l'acétanilide. Je possède deux ou trois observations fort
« démonstratives à ce sujet ; j'ai vu l'**exalgine** faire dispa-
« raître des douleurs qui avaient résisté à tous les autres
« analgésiques, et cela avec des doses qui n'ont pas dépassé
« 50 à 60 centigrammes dans les vingt-quatre heures, et les
« expériences entreprises par mon ami et collègue M. Desnos,
« à l'hôpital de la Charité, viennent confirmer nos premières
« recherches.

« C'est cette action élective de l'exalgine sur la douleur qui
« a fait donner le nom d'**exalgine** à cette substance ; mais
« ses effets thérapeutiques vont plus loin et montrent une
« action tout à fait élective sur les parties bulbaires de la
« moelle ; aussi est-ce un médicament qui s'adresse à la
« polyurie, comme l'antipyrine. Enfin, il combat les phéno-
« mènes convulsifs et peut-être l'épilepsie. »

Le Dr Desnos, de l'hôpital de la Charité, a communiqué à
l'Académie de médecine (séance du 7 octobre 1890) le résultat de ses recherches sur l'exalgine, et nous croyons devoir
reproduire un compte rendu de cette communication :

« L'orateur a fait usage d'une solution composée d'eau,
« d'**exalgine**, de rhum, de sirop et de teinture de badiane,
« chaque cuillerée à soupe contenait 25 centigrammes de
« substance active.

« Les effets physiologiques de l'**exalgine** témoignent
« presque tous de l'action spéciale de ce nervin sur le bulbe
« et sur le système cérébro-spinal. En tête de ces effet, ils
« faut signaler les vertiges accompagnés ou non de frissons,
« de refroidissements, de bourdonnements d'oreilles. Les
« vertiges peuvent être remplacés par de la céphalalgie, de la
« lourdeur de tête, de la tendance au sommeil, ou simple-
« ment par un état de torpeur comparable à celui qui suc-
« cède à l'usage de la morphine.

« Quelques autres phénomènes révèlent une action for-
« melle sur la moelle et les nerfs qui en partent, sur l'inner-
« vation vaso-motrice : ainsi en est-il des sueurs profuses,
« des fourmillements, etc. Avec une dose de 0 gr. 75, on
« peut enregistrer une cyanose légère et éphémère, mais ja-
« mais les malades n'éprouvent ni oppression ni dyspnée.
« Les fonctions circulatoires et calorifiques semblent conser-
« ver leur régularité.

« L'**exalgine** est très bien supportée par le tube digestif,
« elle s'élimine par les reins. Il est très important de ne pas
« en donner plus de 25 centigrammes à la fois, mais cette

« dose peut être renouvelée deux, trois ou quatre fois par
« jour, et même au-delà les jours suivants, une fois qu'on se
« sera assuré de la tolérance du sujet. M. Desnos a pu la
« donner sans accidents aux doses de 1 gramme, 1 gr. 25 et
« 1 gr. 75 par jour.

« En tête des affections essentiellement caractérisées par
« la douleur, que l'orateur a soumises à l'action de l'**exal-**
« **gine**, figurent les névralgies, et, notamment, les névralgies
« faciales, reconnaissant pour cause le froid ou l'état rhuma-
« tismal. Presque tous les malades qui en étaient atteints en
« ont tiré bénéfice.

« Les névralgies anémiques sont favorablement influen-
« cées par l'**exalgine**; seulement, il y a des rechutes fré-
« quentes tant qu'on n'a pas modifié la crase du sang.

« Il en est de même des névralgies syphilitiques. Les cé-
« phalalgies diffuses, ne se localisant pas sur les branches
« nerveuses, ne sont guère amendées par l'**exalgine**. Il en
« est de même des migraines.

« Les névralgies des membres sciatiques, névralgies du
« plexus brachial ou du tronc (névralgies intercostales) et
« les névralgies viscérales, ovaralgies, hystéralgies, coliques
« néphrétiques, etc., sont aussi justiciables de l'**exalgine**.
« Le rhumatisme musculaire est également avantageuse-
« ment modifié par ce médicament.

« En résumé, l'exalgine est un précieux analgésique qui
« pourra réussir dans beaucoup de cas où les autres anal-
« gésiques de même ordre auront échoué.

Le D ^r Gorodicze a fait, à la Société clinique des Praticiens
de France (novembre 1890), une communication dont voici
quelques passages intéressants :

« J'ai pu réunir cinquante-quatre observations de malades
« chez lesquels le phénomène douleur était le symptôme le
« plus saillant de la maladie et où les effets analgésiques de
« l'**exalgine** se sont fait sentir à la plus grande joie de mes
« malades et à la satisfaction de leur médecin. Dans le trai-

« tement des maladies, nos efforts ne doivent-ils pas cons-
« tamment tendre à soulager avant tout nos malades en sup-
« primant la douleur ?

« L'élévation des doses auxquelles s'emploient presque
« tous les analgésiques connus jusqu'à présent, comme l'an-
« tipyrine, l'acétanilide, phénacétine et d'autres, sans parler
« des anesthésiques, ne manque pas très souvent d'entraîner
« des troubles circulatoires et calorifiques (abaissement de
« température, phénomènes de cyanose, éruptions rashi-
« formes, etc.), tandis que l'**exalgine** agit sur la sensibilité
« à une dose relativement faible. Je ne relève que 3 cas
« dans mes 54 observations, où l'absorption d'**exalgine** fut
« suivie de vertige avec sensations de chaleur à l'épigastre,
« troubles du reste absolument anodins.

« Voici le résumé de mes 54 observations se rapportant
« toutes à des adultes. Dans tous les cas, je prescrivais
« l'**exalgine** sous forme de potion :

Exalgine . . . . 0,80 centigrammes.
Alcool . . . . 1 gramme.
Eau de mélisse. . . . 100 grammes.

« Prendre en deux fois, à huit heures d'intervalle.

« Je n'ai jamais dépassé cette dose et ne suis allé au-des-
« sous d'elle.

« Ces 54 cas se répartissent de la façon suivante :

	NOMBRE D'OBSER-VATIONS	SUCCÈS	INSUCCÈS
Migraine................................	12	10	2
Céphalalgies de l'influenza........	6	6	0
Sciatique............................	4	4	0
Rhumatisme musculaire............	2	1	1
Angine de poitrine	3	2	1
Disménorrhée......................	7	6	1
Tranchées utérines................	2	1	1
Névralgies du trijumeau	5	5	0
Synovite blennorrhagique.........	1	0	1
Pelvi péritonite chronique	2	1	1
Viscéralgies tabétiques...........	3	2	1
Zona, herpès	2	2	0
Névralgie intercostale............	5	4	1
TOTAL............	54	44	10

« Par conséquent, sur 54 cas, 44 succès et 10 insuccès, et
« je vous ferai remarquer, ce dont on peut se convaincre par
« le tableau ci-dessus, que l'action de l'**exalgine** est élec-
« tive sur la douleur *névralgique*, migraine, névralgie faciale,
« herpès, zona. Malgré l'avis de M. Dujardin-Beaumetz, qui
« veut que l'hyperthermie soit une contre-indication pour
« l'**exalgine**, je l'ai employée dans six cas, et dans tous ces
« cas, la céphalalgie si intense de l'influenza, que vous con-
« naissez tous, a disparu au bout d'une ou deux heures, sans
« qu'il en soit résulté le moindre phénomène dépressif pour
« le malade.

« Vous pouvez également voir que ce médicament m'a
« rendu des bons services dans la dysménorrhée (un insuc-
« cès sur six) et, dans deux de ces cas suivis d'effet,
« 3 grammes d'antipyrine ne donnèrent aucun résultat, ce
« qui confirmerait la supériorité de l'**exalgine** dans bien des
« cas, supériorité déjà constatée par plusieurs médecins. »

Le Dr E. Désiré a publié les observations prises à l'hôpital
Lariboisière dans le service de M. le Dr Gouguenheim, observations qui comprennent notamment des cas intéressnats

d'aryténoïdite tuberculeuse et dysphagie consécutive. Le
Dr Désiré dit que de tous les moyens employés jusqu'ici pour
atténuer cette vive douleur dont souffrent les tuberculeux
qui présentent du gonflement et de la rougeur de la région
aryténo-épiglottique, aucun n'a encore donné des résultats
approchant de ceux qui ont été obtenus par l'emploi systé-
matique de l'**exalgine**. Ces observations comprennent encore de nombreux succès au point de vue analgésique dans
des cas de névralgie, migraine, sciatique, hystéralgie, etc.
Voici, du reste, le résumé des observations et les conclusions
de cette étude :

	NOMBRE DES CAS	SUCCÈS OU améliorations	INSUCCÈS
Névralgie faciale.................	3	2	1
Névralgie intercostale	4	3	1
Migraine........................	5	5	»
Hystéralgie.....................	2	2	»
Douleurs ostéocopes de la syphilis.	4	4	»
Aryténoïdite tuberculeuse et dys-phagie consécutive.............	8	8	»
Rhumatisme subaigu	2	2	»
Sciatique subaigue..........	2	2	»
Epithélioma laryngien	1	1	»
Névralgie dentaire	1	1	»
TOTAUX.............	32	30	2

« Nous n'avons expérimenté l'**exalgine** qu'au point de
« vue de ses propriétés analgésiques, ne cherchant pas à dé-
« terminer si et dans quelle mesure ce médicament peut agir
« comme antithermique. Nous ne l'avons employé d'ailleurs
« que dans des cas où le malade était apyrétique.

« Nous pouvons dire que la grande diversité des affections
« dans lesquelles nous avons employé avec succès l'exalgine
« nous autorise à conclure que, abstraction faite et sans pré-
« judice du traitement général qui est de rigueur, ce produit
« est un admirable spécifique contre la douleur. La dose de

« 0 gr. 25 suffit dans la plupart des cas ; mais on peut la
« pousser sans inconvénient jusqu'à 0 gr. 50 ou 0 gr. 75, plus
« rarement 1 gramme. Nous pensons que le praticien qui
« voudra combattre l'élément douloureux sera peu déçu en
« s'adressant à cet excellent nervin.

« Ce serait plus que jamais le cas de répéter que la méde-
« cine, si elle guérit rarement, doit toujours consoler et
« quelquefois soulager.

« Avec l'**exalgine**, elle est à même de soulager souvent
« et beaucoup. »

Le prof. Combemale, de Lille, a publié, dans un rapport
très élogieux, les résultats de ses expériences à l'hôpital de
la Charité sur 88 cas dont 67 succès. Pour les cas névralgiques seuls, les succès sont de 47 sur 52.

Le Dr Lacombe, de l'hôpital Bichat, à Paris, a cité un cas
de guérison merveilleuse chez une femme atteinte de sciatique remontant à une douzaine de jours ; il prescrit 1 gramme
d'**exalgine** en deux prises, matin et soir ; le premier jour,
amélioration notable, et, au troisième jour, guérison défini-
tive.

Le Dr Hennart, à Gacé (Orne), a rapporté une série de 14
observations de guérison de névralgies dues nettement à
l'**exalgine** et conclut à l'adoption de ce produit analgésique.

Le Dr Bonnesœur, à Ussac (Corrèze), rapporte le fait d'un
jeune homme de 24 ans, bien constitué, saisi par un rhumatisme articulaire du pied à la suite de travaux de terre dans
l'humidité, gonflement excessivement douloureux, impossi-
bilité d'appuyer le pied et de se tenir debout. Le mal résis-
tant à tous les traitements usuels, on administre 4 doses de
25 centigrammes d'**exalgine** convenablement espacées et le
lendemain toute douleur a disparu. Quelques jours après, le
malade court la prétentaine, suivant l'expression de son médecin.

Le Dr Barbézieux, à Paris, a relevé quelques observations
très concluantes dans sa clientèle de ville, dont voici deux
qui sont assez particulières :

« Mlle L..., 50 ans, névralgies depuis 6 mois, rebelle à tous
« les traitements. 2 août 1891 ; **exalgine** dix cachets de 10
« centigrammes, 5 à prendre en 24 heures, soulagement au
« bout du sixième cachet. Au cinquième cachet, la malade
« dit avoir éprouvé les sensations d'une douche de pluie,
« tiède, très agréable. La douleur a disparu progressivement,
« la malade dit « par tranches, par étages ». — 6 août, la ma-
« lade a continué son traitement, l'amélioration se maintient.
« — 13 août, la malade a pris 20 cachets en tout, toute né-
« vralgie a disparu, aucune récidive, la guérison paraît as-
« surée.

« Mme C..., 45 ans. 7 septembre 1891. Névralgie faciale
« depuis 8 mois, soignée à Sainte-Anne, à la Salpêtrière. Bro-
« mure, antipyrine, etc., sans résultat. Je prescris 10 pa-
« quets de 15 centigrammes **exalgine**, un paquet toutes les
« 4 heures. Au cinquième paquet, la malade se sent engour-
« die des pieds à la tête et 20 minutes après, toute douleur a
« disparu, brusquement, d'un seul coup. La malade déclare
« que depuis plus d'un an c'est la première fois qu'elle ne
« souffre plus de la tête. 9 septembre, la guérison persiste. »

Le D^r Th. FRASER, professeur à l'Université d'Edimbourg,
dont on connaît les beaux travaux thérapeutiques, a expérimenté l'**exalgine** à l'hôpital royal d'Edimbourg et a fait connaître ses résultats dans une conférence publique publiée
par le *British Medical Journal* (15 février 1890). Ce travail,
très érudit et très complet, ne peut se résumer et devra être
consulté par tous les thérapeutes. Nous reproduisons seulement le tableau récapitulatif des observations.

AFFECTIONS	NOMBRE	SUCCÈS	INSUCCÈS OU DOUTEUX
Névralgie faciale..................	8	8	»
Sciatique........................	10	9	1
Névralgie herpétique	10	9	1
— du bras (hémiplégie) . .	11	11	»
Ataxie locomotrice.....	3	3	»
Névralgie dentaire................	8	6	2
Douleurs cardiaques..............	2	2	»
— pleurétiques	5	4	1
Synovite rhumatismale............	4	4	»
Rhumatisme blennorrhagique.....	2	1	1
Douleurs gastriques..............	6	4	2
Cancer de l'abdomen.............	10	6	4
Carcinème du foie................	2	»	2
Parenchyme de l'aorte........... ..	4	»	4
Abcès lombaires.	3	»	3
TOTAUX	88	67	21

Le professeur conclut en remarquant que c'est contre les névralgies que l'**exalgine** réussit le mieux. Il ajoute « qu'elle « doit prendre une place importante parmi les remèdes qui « s'adressent à la douleur et qu'elle présente cet avantage « énorme de ne produire aucun des inconvénients et des « troubles qui accompagnent l'action de la plupart des autres « analgésiques, ou même des dangers qui sont inséparables « de l'emploi des plus puissants d'entre eux. »

Les expériences du prof. Fraser ont ceci de particulier qu'elles ont été faites et les succès obtenus avec des doses très minimes, soit de 3 à 10 centigrammes, répétées assez souvent et pendant longtemps s'il le faut.

Un autre auteur anglais, le Dr GEORGE HERSCHELL, à Londres, a publié, dans le *British Medical Journal* (19 juillet 1890), des observations intéressantes sur l'exalgine ; il a obtenu d'excellents résultats analgésiques dans soixante-dix cas sur cent et avec des doses de 10 à 30 centigrammes seulement. Il signale des cas particulièrement heureux d'ataxie locomotrice, névralgie faciale sciatique. Dans ce même journal, le Dr J. FARRAR, de Londres, rapporte ses expériences favorables, et, en particulier, un cas de cancer du foie accompagné de douleurs intenses, dans lequel il a obtenu un résultat merveilleux, soit diminution de douleur avec une première dose de 15 centigrammes et cessation complète et durable avec une seconde dose deux heures après.

Le Dr JOHN GORDON, de l'hôpital et de l'Université d'Aberdeen, a publié dans le *Lancet* (Londres, 20 mai 1892), une longue série d'observations favorables à l'emploi de l'**exalgine** comme analgésique. En voici le résumé :

MALADIES	NOMBRE DE CAS	SUCCÈS	INSUCCÈS et résultats douteux
Douleurs dentaires..............	3	3	—
Céphalalgie.....	28	28	—
Névralgie faciale.......	15	12	3
Sciatique	3	1	2
Lumbago	7	5	2
Névralgie intercostale	3	3	—
Ataxie locomotrice...............	1	1	—
Calculs biliaires	2	—	2
Arthrite rhumatismale...........	2	1	1
Otite médiane...................	1	1	—
Affection tuberculaire de la prostate	1	—	1
TOTAUX........	66	55	11

M. Gordon attribue la plus grande valeur à l'**exalgine** dans les douleurs nerveuses de la tête, des dents, névralgies faciale et intercostale, lumbago.

Le Dr CHURTON, médecin de l'hôpital général de Leeds, a publié dans le *Lancet* (Londres, 28 mai) son expérience de l'exalgine dans un cas de goitre exophtalmique (*Grave's disease*) avec congestion de deux conjonctives et ulcération de la cornée gauche. Il a constaté, par des essais comparatifs avec d'autres médicaments, que l'**exalgine** seule avait soulagé le malade ; chaque fois que l'exalgine était administrée, les yeux devenaient blancs et la douleur disparaissait ; ils devenaient rouges, douloureux en cas contraire, quel que fût l'autre médicament administré.

Le Dr ROBERTS BARTHOLOW mentionne, dans la 5e édition de son *Manuel de médication hypodermique*, les bons résultats que lui a donnés l'**exalgine** en injection hypodermique. Il dit (p. 309) que, donnée au point de vue hypnotique, l'exalgine procure la somnolence au bout de 15 à 30 minutes, et peu après un sommeil profond, tranquille.

Le Dr R.-K. UPTON, à New-York, en rapportant cette observation, ajoute qu'il a constaté que l'**exalgine** est très soluble dans l'eau chaude, qu'ainsi l'eau en retient une proportion suffisante après refroidissement pour tout usage hypodermique.

Le prof. RABOW a publié, dans le *Therapeutische Monatshefte*, de Berlin (mai 1890), une étude sur l'**exalgine** dont les conclusions sont également très favorables. M. Rabow dit que dans les migraines et les maux de tête de toute espèce, l'exalgine, à la dose de 25 centigrammes, soulage la douleur d'une manière plus efficace que l'antipyrine à la dose de 1 gramme ; il a obtenu de meilleurs résultats qu'avec la phénacétine dans les douleurs du nerf trigéminal. Il signale les effets sédatifs constants dans les cas de névralgies dentaires. Il a obtenu, avec 25 centigrammes d'**exalgine**, de meilleurs résultats qu'avec une injection sous-cutanée de 2 centigrammes de morphine pour un malade privé de repos et de sommeil par suite de violents maux d'oreille. En résumé, M. Rabow constate l'action analgésique très remarquable de l'exalgine.

Un autre auteur allemand, le Dr HEINTZ, a fait remarquer cette propriété de l'**exalgine** dans les cas douloureux d'influenza, d'hémicranie et de rhumatismes musculaire et articulaire avec des doses variant de 20 à 50 centigrammes.

Une communication très intéressante, qui nous est venue de l'étranger, est celle du Dr MONCORVO, de Rio-de-Janeiro, membre étranger de l'Académie de médecine. Le savant brésilien a étudié surtout l'emploi de l'**exalgine** chez les enfants et a rendu compte de ses résultats dans une note envoyée à l'Académie de médecine. Ce travail, déjà publié dans le *Bulletin général de thérapeutique* (30 novembre 1890), décrit principalement un cas de *chorée* traité par l'exalgine et suivi de guérison.

M. Moncorvo dit qu'à la dose de 30 centigrammes par vingt-quatre heures il a été à même de constater la grande puissance analgésique de l'exalgine et sa parfaite innocuité chez les jeunes sujets ; il a constaté que les résultats étaient beaucoup plus complets qu'avec l'antipyrine et plus avantageux, puisqu'ils étaient obtenus avec des doses quatorze fois moindres.

Le Dr Moncorvo ayant continué avec succès ses expériences sur l'**exalgine** chez les enfants atteints de chorée, a publié en 1892 de nouveaux résultats très marquants (*Bulletin général de thérapeutique*, 30 mai 1892), et il a constaté que ce médicament était d'une efficacité remarquable, tant par rapport aux convulsions choréiques qu'aux autres manifestations qui les accompagnent, telles qu'insomnie, trouble, psychique, affaiblissement musculaire, désordre digestif. Avec des doses dix ou douze fois moindres que celles de l'antipyrine, le Dr Moncorvo a triomphé promptement de la chorée chez ses jeunes sujets et démontré avant personne la tolérance exceptionnelle de l'enfance pour ce précieux médicament.

Le Dr H. Loewenthal, de Berlin, a fait une communication à la Faculté de médecine de Berlin sur 35 cas de chorée traités avec succès par l'**exalgine**, et place ce médicament au premier rang des agents antichoréiques.

Le Dr Charles-L. Dana a confirmé ces résultats dans une communication faite le 23 mai 1892 à la Société médicale de New-York.

Des cas de chorée ont été traités avec succès par le Dr Descroizilles, à l'hôpital des Enfants-Malades, à Paris. Il s'agissait d'enfants de 6 à 14 ans, la dose a varié de 20 à 30 centigrammes par jour et le résultat a été obtenu dans un délai de deux à quatre semaines. Dans ce même service 3 ou 4 cas de névropathie hystériforme chez des filles de 10 à 14 ans ont été traités avec succès par l'**exalgine** dans l'espace de quinze à vingt jours ; l'ingestion du médicament s'est faite sans difficulté.

Le D^r Th. SAVILL, de l'hôpital Paddington, à Londres, a publié dans le *Lancet* (25 novembre 1893) le résultat de ses expériences et exposé en détail douze cas de nature très variée, dans lesquels il a combattu l'élément douleur au moyen de l'exalgine avec succès. Il conclut en ces termes : « Je « pense qu'on peut considérer l'**exalgine** comme un anal- « gésique de valeur, s'adaptant particulièrement à soulager « les douleurs du type névralgique. Elle est prompte et effi- « cace dans son action et ne produit aucun des effets se- « condaires désagréables que l'on peut observer dans d'au- « tres remèdes du même groupe chimique ».

Le Dr LICIAGA, de Barcelone, constate, par une suite d'expériences, que l'**exalgine** donne des résultats beaucoup plus décisifs, comme analgésie, que l'antipyrine, en ce sens que ses malades névralgiques étaient délivrés de leurs douleurs en deux ou trois jours, tandis qu'avec l'antipyrine la douleur reparaissait dès qu'on en suspendait l'usage.

Le Dr G. FERRARI, médecin de la maison royale d'Italie, a aussi fait connaître le plein succès de l'**exalgine** employée par lui dans des cas de névralgies rhumatismales, douleurs tabétiques, dysménorrhée, etc.

Le Dr BIAVATI, de Spina (Italie), rapporte l'observation suivante :

« J'ai fait prendre l'**exalgine** à une jeune femme mariée, « A. P..., qui souffrait *depuis plus d'un an* de terribles *dou-* « *leurs sciatiques.* Au moment du traitement, la malade était « couchée depuis un mois, et chaque mouvement, des pieds « à la région lombaire, provoquait des douleurs à faire « hurler ; quelque remède que j'employasse, je n'obtenais « pas un répit de plus de trente heures ; après cela, les dou-

« leurs et les spasmes incroyables reparaissaient. Alors, je
« résolus de tenter l'emploi de l'exalgine ; je prescrivis jour-
« nellement 30 centigrammes par jour, divisés en deux ca-
« chets de 15 centigrammes. J'en ai retiré tout ce que j'en
« attendais : tendance au sommeil et *soulagement complet* ;
« les mouvements du corps se reproduisent sans aucune
« douleur ; depuis sept jours, le résultat s'est maintenu et la
« pauvre malade reprend ses occupations. »

Le Dr ANDREA RUSSO, de Baiano (Italie), rapporte cette
autre observation :

« J'ai essayé l'**exalgine** sur une femme souffrant d'un
« squirre à l'utérus et endurant d'horribles douleurs que
« soulageait seule la morphine à haute dose ; puis l'effet de
« la morphine m'effraya, et je la remplaçai par l'**exalgine.**
« Au bout de quelques minutes, les fortes douleurs se cal-
« mèrent. La malade éprouvait dans l'abdomen un senti-
« ment de fraîcheur, comme si on appliquait de la neige. Le
« calme dura dix heures. La douleur reparut, puis disparut
« après une seconde dose. J'ai essayé aussi l'**exalgine**, que
« je trouve miraculeuse, dans un cas de spasme chronique
« du trigéminal ; une première dose produisit le calme et le
« sommeil perdus depuis plusieurs jours ; une seconde dose
« de 15 centigrammes fit disparaître la douleur. »

Plusieurs autres médecins d'Italie ont également commu-
niqué des observations concluantes sur l'**exalgine**, notamment les Drs P. LIMANE, à Vicence ; LAVIGNAGNE, à Vanvano ;
PEROTTI, à Leodifalco ; A. NICOLO, à Linopoli ; A. MAGGIULLI,
à Otrante ; A. BELLONI, à Amandolo ; OSSOLATO, à Papozo ;
V. BAFFI, à Montefalcone ; P. CORRADO, à Caulonia ; A. AMATO,
à Carreto ; F. BIAZZI, de l'Académie de Milan ; E. ASCANIO, à
Montecifone ; E. CAPPI, à Crémone ; A. GEMMELARI, à Nicolosi ;
P. PUGLIESE, à Messine ; G. ALONZO, à Catane ; D. POPULI, à
Otrante ; S. DAVIO, à Quistello ; P. ZGIDI, à Rome ; E. MIGLION,
à Icaro ; A. MOSSA, à Moncalieri ; G. FADDO, à Paulicasino :
G. MAGNOLI, à Milan ; P. BATTAGLIA, à Crémone ; G. ROSSELLI,

à Grosseto ; PICCOLO SALVADORE, à Sciarro ; MAGALIELLI, à
Bari ; FALCONI, à Milan. Ces observations très nombreuses
portent sur des cas de névralgies, migraines, odontalgie,
céphalalgie, douleurs de l'influenza, douleurs de goutte et
rhumatismes, douleurs hépatiques et néphrétiques, douleurs
de gastralgie, ischialgies rebelles, squirre de l'utérus, sciatique chronique et invétérée. Presque tous ces expérimen-
tateurs ont opéré avec les doses de 25 à 75 centigrammes
par vingt-quatre heures, et déclarent que l'**exalgine** a en-
tièrement répondu à leur attente ; quelques-uns même déclarent avoir eu des résultats miraculeux avec cet analgésique qu'ils trouvent supérieur à tout autre.

Le Dr GOETZ, de l'hôpital de Genève, a prescrit l'**exalgine**
dans beaucoup de cas de névralgies soit faciales, soit sciatiques, et elle lui a toujours donné de bons résultats ; dans
un cas de céphalée persistante que la morphine seule soulageait, il a vu l'exalgine amener rapidement une sédation
marquée.

Le Dr FERRIÈRE, de Genève, rapporte aussi d'excellents
résultats dans les cas de névralgie pure et hydropathiques et
dans les névralgies des anémiques.

Dr C. FERREIRA, de Rio-de-Janeiro, a fait connaître un
certain nombre de cas (ataxie, douleurs pleurétiques, névralgie intercostale, névralgie faciale, rhumatisme articulaire
aigu, angine pectorale) dans lesquels il s'est servi de l'**exalgine** comme agent analgésique avec un plein succès et
sans aucun accident secondaire.

D'autres observations très favorables ont été rapportées
par un grand nombre d'autres médecins distingués, en
France, à l'étranger, qui sont tous d'accord sur l'excellence
de l'exalgine comme agent analgésique.

Nous croyons, enfin, devoir citer un intéressant travail du
Dr de BOISREDON sur les effets comparés de l'exalgine et de
l'antipyrine.

« Il est très difficile, depuis que, sous des noms divers,

on a essayé à contrefaire l'antipyrine, de se procurer cette substance absolument pure, c'est-à-dire exempte de tous les inconvénients reprochés au début aux produits analgésiques divers. Pour bien faire la distinction et être certain à l'avenir des effets des médicaments employés, nous n'avons pas cru mal agir en nous servant successivement, chez le même malade, de l'antipyrine d'abord, puis de l'exalgine, dans des affections chroniques rebelles à tous les autres traitements. Nous ne croyons pas qu'on puisse nous reprocher nos expériences puisque, dans tous les cas, le médecin a l'habitude de prescrire l'antipyrine et que ce n'est qu'après nous être assuré de l'inefficacité de ce médicament que nous avons ordonné l'exalgine. »

OBSERVATION I. — *Gastralgie nerveuse, avec anorexie.* — Mme D..., Camille, 29 ans, est atteinte, depuis cinq ans, de douleurs vives à la région de l'estomac. Ces douleurs se reproduisent surtout de deux à trois heures après les principaux repas et particulièrement la nuit où elles rendent tout repos impossible.

Tous les traitements ont été employés sans succès : bicarbonate de soude, pepsine, acide chlorhydrique, l'eau chloroformée, la cocaïne, etc.

Loin de s'atténuer, les douleurs ne firent qu'augmenter, au point que depuis six mois, la malade ne pouvait plus supporter que le lait.

Le 2 mars à midi, repas composé de un œuf à la coque avec trois ou quatre bouchées de pain grillé et un verre d'eau de Vichy. Une heure après, ingestion de 1 gramme d'antipyrine et 3 centigrammes de cocaïne ; les douleurs ont été à peine sensibles. Le repas du soir, ainsi que celui des soirs suivants, s'est composé d'un potage gras ou maigre ou d'un potage au lait.

Le 3 mars à midi et tous les jours suivants, la quantité de nourriture a été progressivement augmentée et est devenue de plus en plus substantielle, mais au bout de quatre jours, malgré l'emploi de l'antipyrine et de la cocaïne, les douleurs reparaissent pour devenir de plus en plus vives et motiver un changement de traitement.

Le 6 mars à midi, repas composé d'une escalope de veau, de

purée de lentilles et d'un verre de lait et suivi de l'absorption de deux cuillerées de solution d'**exalgine**. Même sédation qu'avec l'antipyrine.

Les jours suivants, l'**exalgine** a été continuée à la même dose et son action ne s'est pas démentie une seule fois. Aujourd'hui, 3 mai, la malade mange sans distinction toute espèce d'aliments et a cessé l'emploi de l'**exalgine** depuis dix jours. Les douleurs n'ont pas reparu et il est à prévoir qu'elles ne reparaîtront pas. Du reste, la malade est prévenue qu'à la moindre indisposition elle devra recommencer, pendant quelques jours, l'usage de la solution d'**exalgine**.

OBSERVATION II. — *Névralgie intercostale.* — Au mois de novembre 1894, M. Fr... (Léon), 43 ans, demeurant à Paris, est pris subitement d'une douleur violente au niveau du septième espace intercostal gauche. Un semblable point de côté fit craindre tout d'abord l'éclosion d'une pleurésie. Le malade fut mis au lit et on lui administra, sans succès, du sulfate de quinine en même temps que du bromure de potassium à la dose de 2 grammes par jour.

Ses antécédents rhumatismaux, sa diathèse arthritique firent bientôt diagnostiquer une névralgie intercostale d'origine rhumatismale. Le salicylate de soude, à la dose de 6 grammes par jour, eut bien vite raison de ces accidents. Mais à la moindre fatigue, au moindre froid, le même point de côté apparaissait, et tous les médicaments hypnotiques finirent par devenir impuissants.

Nous n'eûmes pas la peine d'essayer chez lui l'antipyrine qu'il avait déjà employée pendant les quatre ou cinq crises précédentes lorsqu'il vint nous voir vers la fin de février.

0 gr. 50 d'**exalgine** lui furent administrés dans la journée et, le soir, toute odeur avait disparu. Mais il en avait été de même avec tous les autres traitements qui avaient donné d'excellents résultats la première ou la seconde fois et étaient devenus bien vite inefficaces; nous ne voulions donc pas nous prononcer.

Le malade resta sans venir nous voir jusqu'au 25 avril, c'est-à-dire pendant près de deux mois, nous pensions qu'il avait été chercher ailleurs un soulagement à ses maux. Mais il nous apprit que, pendant ce laps de temps, il n'avait pas eu besoin de recourir à nos soins parce que le traitement que nous lui avions ordonné lui avait réussi chaque fois, bien que les crises se soient reproduites une quinzaine de fois dans l'espace de ces deux mois.

OBSERVATION III. — *Sinusite maxillaire.* — M. Pr... (André), 52 ans, n'a jamais, jusqu'au mois de juin 1894, souffert des dents lorsque, tout à coup, il se sentit pris de névralgie aiguë au niveau de la deuxième molaire supérieure du côté droit, molaire qui cependant paraissait saine. Il fit extraire la dent, mais les névralgies n'en continuèrent pas moins. Il retourna chez son dentiste qui lui arracha ainsi, à la suite, quatre dents du même côté.

Il vint nous consulter au mois d'août dernier et ce fut alors qu'il nous vint à l'idée de lui donner de l'antipyrine, pour, en cas d'insuccès, continuer par l'**exalgine**.

Nous n'obtinmes par l'antipyrine aucune espèce de soulagement, ce qui n'est pas la règle, parce que d'ordinaire, au moins les premières fois, ce médicament réussit dans les cas de névralgie. Mais nous verrons plus tard que notre diagnostic n'était rien moins que certain ; malgré cela l'**exalgine** fut administrée à la dose de trois cuillerées de solution par jour. Les douleurs se calmèrent pour reparaître bientôt, mais, chaque fois, elles étaient atténuées au point de devenir très supportables et, n'eût été la crainte d'une aggravation locale, le malade aurait très bien pu vivre encore longtemps avec son infirmité.

Mais un spécialiste consulté diagnostiqua une sinusite et fit le curettage du sinus par la fosse canine. Les douleurs n'ont pas reparu ; au reste, en cas de récidive, nous ne manquerons pas de recourir de nouveau à l'**exalgine** qui nous a rendu de si grands services.

OBSERVATION IV. — *Ovaro-salpyngite et ovaralgie* — Mme B... (Olympe), 48 ans, est atteinte depuis six ans environ, de métrite hémorrhagique qui l'oblige tous les mois à rester quelques jours alitée, mais sans ressentir aucune douleur.

Depuis quatre mois l'affection s'étendit aux trompes et aux ovaires et les souffrances ne tardèrent pas à se manifester au point de forcer au bout de moins d'un mois, la malade à user de tous les hypnotiques les uns après les autres.

Depuis plus d'un mois, elle est obligée de se faire, quatre à cinq fois par jour, une piqûre de 0 gr. 01 centigr. de morphine, et encore n'arrive-t-elle qu'incomplètement à se soulager.

Le 21 avril, pour la première fois, elle vient nous consulter et nous lui conseillons l'antipyrine à la dose de 3 grammes par jour. Elle avait déjà usé de ce médicament, mais à une dose plus faible, et sans aucun résultat. Elle prit ainsi 12 grammes du médicament en quatre jours, et ne ressentit d'autre effet qu'un violent frisson le soir, des étourdissements et un abattement général, mais sans diminution de la souffrance.

Le 26 avril, nous lui ordonnons de la solution d'**exalgine** à la dose de 1 d'abord, puis 2, 3 et enfin 4 cuillerées par jour.

Aujourd'hui, 2 mai, elle vient nous dire que, les deux premiers jours, elle n'a senti aucune amélioration, mais que, depuis trois jours, les douleurs vont s'atténuant et qu'elle n'est plus décidée à se faire opérer comme on le lui avait conseillé.

Comme conclusion, nous dirons que l'**exalgine** est un médicament à la fois plus fidèle et plus énergique que l'antipyrine dans tous les cas où le symptôme douleur prévaut. En outre, il n'occasionne aucun des accidents qui font repousser l'emploi de l'antipyrine chez un grand nombre de malades.

D^r DE BOISREDON.

CHAPITRE IV

POSOLOGIE.

Maintenant que nous connaissons les propriétés physiques, physiologiques et thérapeutiques de l'**exalgine**, voyons à quelles doses il convient d'administrer ce médicament.

Dès son apparition, c'est-à-dire dès les premières observations du Dr Dujardin-Beaumetz, jusqu'à tout dernièrement, la question de posologie a été débattue dans un grand nombre de communications aux sociétés savantes et d'articles de journaux de médecine.

D'après **MM.** Dujardin-Beaumetz et Bardet, la dose maximum qu'on peut donner en une fois est de 25 centigrammes qu'il faut répéter, si le besoin s'en fait sentir, de façon à ne pas dépasser une dose de 75 à 80 centigrammes par vingt-quatre heures.

Le Dr Desnos insiste aussi sur ce fait qu'il ne faut pas en donner plus de 25 centigrammes à la fois, mais dit que cette dose peut être renouvelée deux, trois et quatre fois par jour, et même au delà les jours suivants, une fois qu'on se sera assuré de la tolérance du sujet. C'est ainsi qu'il a pu donner l'**exalgine** sans accidents aux doses de 1 gramme, 1 gr. 25 et même 1 gr. 75 par jour.

Le Dr Bonnesœur, d'Ussac (Corrèze), a administré 4 doses de 25 centigrammes par jour avec les meilleurs résultats.

Le Dr Barbézieux, de Paris, fait prendre des cachets de 10 centigrammes renouvelés plus ou moins dans les vingt-quatre heures.

Le professeur Fraser a obtenu ses nombreux succès avec les faibles doses de 3 à 10 centigrammes, répétées assez souvent et pendant longtemps, s'il le faut.

Le Dr Georges Herschell, de Londres, donne des doses de 10 à 30 centigrammes, et le Dr J. Ferrar, de Londres aussi, des doses de 15 centigrammes.

Chez les enfants, particulièrement dans la chorée, le Dr Descroizilles, de l'hôpital des Enfants-Malades, administre des doses de 20 à 30 centigrammes par jour.

M. Bardet a publié en 1893 des considérations très utiles à propos de la posologie de l'**exalgine**; il a fait ressortir les résultats contradictoires obtenus par deux médecins aliénistes dans les maladies du système cérébral : l'un, le Dr Marandon, des Asiles de la Seine; l'autre, le Dr Younger, de Londres.

Ce dernier, à la suite d'observations nombreuses, conseillait l'emploi de l'**exalgine** chez les aliénés et les épileptiques pour obtenir un soulagement qui ne se rencontre pas toujours avec d'autres médicaments.

Par contre, le Dr Marandon déconseille l'emploi de l'antipyrine et de l'**exalgine**, comme étant sans effet et causant
une action dénutritive générale. Le Dr Bardet, en comparant
ces deux travaux, démontre que l'insuccès de M. Marandon
tient aux doses excessives qu'il a employées, doses qui dé-
passent considérablement celles que les premiers auteurs ont
indiquées, et que le succès du Dr Younger tient à la modé-
ration des doses que Fraser avait déjà recommandée, en dé-
montrant que, dans nombre de cas, il avait obtenu d'excellents effets avec 10 à 20 centigrammes répétés.

La question de la posologie de l'**exalgine** s'est posée
de nouveau tout récemment à la Société de thérapeutique
(octobre 1894) à propos d'un cas d'empoisonnement, non
suivi de mort, à la suite de l'ingestion d'une dose véritable-
ment exagérée. Il s'agissait d'une femme qui, après l'*ingestion de 16 grammes* d'**exalgine**, présenta, entre autres symp-
tômes, les phénomènes suivants : vertige giratoire, chute
brusque, analgésie absolue, convulsions cloniques, épilepti-
formes, coma, cyanose, asphyxie imminente. On lui fit une
application de ventouses, puis une saignée et trois jours
après la malade était remise.

M. Dujardin-Beaumetz fait remarquer qu'il s'agit d'un fait
exceptionnel, sinon unique, attendu qu'il a démontré qu'on
ne doit pas dépasser la dose de 60 centigrammes environ
d'**exalgine** par jour. Cette substance présente les avantages,
mais aussi les inconvénients de tous les corps peu solubles
dans l'eau, c'est-à-dire qu'il est assez difficile de fixer une
limite précise dans leurs doses d'administration. Toutefois,
un médecin italien vient de trouver que si l'**exalgine** est
peu soluble dans l'eau, elle se dissout très bien dans le
naphtol.

En résumé, l'**exalgine** peut s'administrer par doses
allant de 10 à 25 centigrammes qu'on peut renouveler de
façon de ne pas dépasser dans les vingt-quatre heures 75 centigrammes à 1 gramme.

Par l'exemple de l'empoisonnement cité plus haut, on voit

que même une dose extraordinairement exagérée n'a pas été suivie de mort.

Cependant un certain nombre de praticiens ont fait observer que les formules indiquées par un grand nombre d'auteurs, comportent une dose trop élevée de ce médicament et qu'il est infiniment préférable de l'administrer à doses fractionnées, en ne dépassant pas 10 à 15 centigrammes à la fois ; 10 centigrammes seraient même le poids le plus convenable ; on peut donc le donner en pilules ou en cachets de 5 à 10 centigrammes. On arrive ainsi à connaître d'une façon précise la tolérance de chaque malade et l'on évite par suite les légers éblouissements éprouvés par quelques personnes, et qui les effraient bien à tort, puisqu'on a vu que le Dr Desnos, de l'Académie de médecine, administrait jusqu'à 1 gramme, 1 gr. 25 et même 1 gr. 75 par jour ; et enfin qu'une femme ayant ingéré le poids *énorme de 16 grammes* d'**exalgine** avait été sérieusement malade, mais *n'était pas morte.*

Comme la solubilité de l'**exalgine** dans l'eau est d'environ 1 p. 100, on peut faire des solutions aqueuses sans le secours de l'alcool, ou un sirop renfermant par exemple 0 gr. 10 d'**exalgine** par cuillerée à bouche, c'est-à-dire 1 gramme d'**exalgine** pour 150 centimètres cubes de véhicule. Enfin, on peut, comme je le disais plus haut, faire des pilules ou des cachets de 3, 5 et 10 centigrammes, en ne dépassant jamais, j'insiste à nouveau sur ce chiffre, la dose de 10 centigrammes par cachet.

« Dans ces conditions, l'**exalgine** est un des meilleurs analgésiques et antinévralgiques que l'on connaisse, *supérieure même à l'antipyrine* au point de vue analgésique. »

(Drs Dujardin-Beaumetz et Bardet.)

Paris. — Typ. A. DAVY, 52, rue Madame. — Téléphone.

www.ingramcontent.com/pod-product-compliance
Ingram Content Group UK Ltd.
Pitfield, Milton Keynes, MK11 3LW, UK
UKHW021652090726
13657UKWH00004B/1923